ARBEITSGEMEINSCHAFT FÜR FORSCHUNG
DES LANDES NORDRHEIN-WESTFALEN

Sondersitzung
am 26. März 1957
in Düsseldorf

ARBEITSGEMEINSCHAFT FÜR FORSCHUNG DES LANDES NORDRHEIN-WESTFALEN

HEFT 69 a

H. W. Melville

Die Anwendung von radioaktiven Isotopen und hoher Energiestrahlung in der polymeren Chemie

SPRINGER FACHMEDIEN WIESBADEN GMBH

ISBN 978-3-322-98122-6   ISBN 978-3-322-98781-5 (eBook)
DOI 10.1007/978-3-322-98781-5

Die Anwendung von radioaktiven Isotopen und hoher Energiestrahlung in der polymeren Chemie

Dr. *H. W. Melville*, F.R.I.C., F.R.S.*

Secretary Department of Scientific & Industrial Research, London

Das ständige Bemühen um die Kenntnis des atomaren Geschehens mit all seinen verschiedenartigen Gesichtspunkten hat seine Auswirkung sowohl in der Chemie als auch in der Physik und der Technik gehabt. Radioaktive Indikatoren können in großer Vielfalt und hoher Anreicherung hergestellt werden. Es gibt viele Wege zur Erzeugung hoher Energie-Strahlung; diese Strahlungen vermögen infolge ihrer hohen Intensität in annehmbaren Zeiträumen chemische Veränderungen hervorzurufen. Schon allein diese beiden Möglichkeiten können von sehr großem Nutzen in der Chemie sein. Es ist das Ziel dieses Vortrages, an einigen Einzelheiten diese Bedeutung der Indikatoren bei ihrer Anwendung auf komplizierte Polymere zu veranschaulichen; denn diese Methoden geben uns die Lösung von Problemen in die Hand, die durch jedes andere Verfahren völlig unlösbar sind. Trotzdem ist die erforderliche Anlage im Prinzip sehr einfach, und der Anwendungsbereich dieser Methoden ist daher natürlicherweise weit über das spezielle Gebiet der polymeren Chemie hinausgegangen.

Radioaktive Indikatoren

Obwohl man heute die meisten Elemente in radioaktivem Zustand erhalten kann, ist die in unserem Zusammenhang benötigte Anzahl nur sehr gering. Bei weitem am nützlichsten ist radioaktiver Kohlenstoff, da wir uns in der Hauptsache mit organischen Verbindungen befassen. Ebenso sind die radioaktiven Halogene, vor allem das Brom, nützlich. Dagegen konnte der radioaktive Wasserstoff oder schwere Wasserstoff kaum nennenswert ausgenutzt werden, obwohl die Möglichkeiten seiner Anwendung sehr umfangreich sind. Außerdem ist heute eine große Vielzahl C^{14} markierter Verbindungen erhältlich, so daß die Synthese einer gewünschten Verbindung gegenüber der bisher üblichen Herstellungsweise beträchtlich erleichtert ist.

* jetzt Sir Harry Melville, K. C. B., F. R. S.

Das radioaktive Isotop des C^{14} wird in einem Atommeiler gebildet und hat viele Vorzüge als Indikator-Element. Wenn der Kern dieses Atoms nach der Gleichung $C^{14} = N^{14} + e$ zerfällt, stößt es ein Elektron mit einer Energie von rund 1 Million Elektronen-Volt aus. Selbst mit dieser Energie ist die Durchschlagskraft äußerst gering, und derartige Elektronen werden bequem durch dünne Glasschichten, die in normalen chemischen Geräten verwendet werden, gebremst. Daher kann die Synthese organischer Verbindungen in allen Glasgefäßen mit völliger Sicherheit ausgeführt werden, ohne daß dazu besondere Vorsichtsmaßregeln nötig sind.

Die Halbwertzeit von C^{14} liegt bei 5000 Jahren, d. h. die Hälfte der Radioaktivität verschwindet in dieser Zeit, oder die Hälfte der Atome zerfällt innerhalb dieses Zeitraumes. So ist auch für recht lange sich hinauszögernde chemische Prozesse ausreichend Zeit vorhanden, ohne daß dabei ein spürbarer Verlust an Radioaktivität in den Prüfobjekten eintritt. Einige Radio-Isotope, wie Chlor, haben Halbwertzeiten in der Größenordnung von einer Stunde, und die Experimente müssen daher in einer ziemlich begrenzten Zeit durchgeführt werden.

Die Intensität der Radioaktivität wird in „Curie" gemessen. Ein Curie entspricht einer Zerfallszahl von 3×10^{10} pro Sekunde. Man könnte nie mit reinem C^{14} arbeiten – das wäre unmöglich und ist tatsächlich auch nicht nötig. Aus verschiedenen Gründen, auf die man hier nicht einzugehen braucht, ist nämlich eine Intensität von 100 Mikrocurie, das ist 10^{-4} c./g, angebracht. Das gäbe eine Zerfallszahl von 2×10^6 pro Sekunde und Gramm. In einem gewöhnlichen Gerät zur Messung der Radioaktivität – einem Geigerzähler – beträgt das natürliche Grundgeräusch infolge der kosmischen Strahlung rund 0,1 Ausschläge pro Sekunde, und durch geeignete statistische Methoden kann man ziemlich genau eine zusätzliche Intensität von 0,1 Ausschlägen pro Sekunde messen. So ist es möglich, in einem Prüfobjekt das Vorhandensein von 2×10^{-7} Gramm Kohlenstoff mit einer Anfangsstrahlung von 100 Mikrocurie pro Gramm zu messen. Dieses Gerät zur Messung – und nicht nur zur Feststellung – dieser äußerst geringen Mengen an Kohlenstoff macht die Indikator-Methode so wertvoll auf dem Gebiete der polymeren Chemie.

Wegen der schwachen Durchschlagskraft der von dem Kohlenstoff abgestoßenen Elektronen ist eine recht ausgefeilte Methode zur Messung der Aktivität erforderlich. Das Verfahren besteht in der Naßverbrennung der organischen Verbindung zu Kohlendioxyd; der Geigerzähler wird mit diesem CO_2 gefüllt, wozu eine kleine Menge Schwefelkohlenstoffdampf beigegeben wird. Da nun die CO_2-Menge bei einem bestimmten Druck und einer bestimmten Temperatur leicht mit einer Genauigkeit von rund ± 1 % gemessen werden kann, gestattet es dieses Verfahren, genaue Schätzungen über die absolute Aktivität eines bestimmten Gewichtes eines Prüfobjektes zu machen. Durch verfeinerte Meßmethoden könnte man noch größere Empfindlichkeit erreichen, doch ist das selten nötig, da man die Aktivität des Prüfobjektes an das jeweils durchgeführte Experiment anpassen kann.

Eine andere Methode, die nur beschränkte Anwendung findet, ist speziell für die Bestimmung eines geringen Bromgehaltes in einer organischen Verbindung geeignet. Hier wird das Prüfobjekt in einem Atommeiler mit Neutronen bestrahlt, in dem das Brom bald radioaktiv wird. Gleichzeitig wird eine organische Verbindung mit bekanntem Bromgehalt unter genau denselben Bedingungen bestrahlt. Der Aktivitätsgrad der Prüfobjekte wird dann verglichen, um den Bromgehalt der unbekannten Probe zu errechnen.

Polymerisation durch Anlagerung freier Radikale ist die gebräuchlichste Methode zur Herstellung großer Moleküle aus ungesättigten Äthylen-Derivaten, und gerade auf diesem Gebiet sind Radio-Indikatoren äußerst nützlich. Der Prozeß ist im Grunde genommen einfach, weil die Radikale erzeugt werden durch Aufspaltung eines Moleküls R–R in Radikale R, und diese lagern sich folgendermaßen an die Verbindung an: $R + CH_2 = CHX \rightarrow RCH_2 – CHX –$. Weitere monomere Glieder schließen sich an. Die Radikale sind im normalen Geschehensverlauf jedoch sehr reaktive Größen, und sie verhalten sich oft ganz anders. Diese Reaktionen können eine tiefgehende Wirkung auf die Größe sowie die Struktur des sich ergebenden Polymers ausüben. Eine Menge Aufschlüsse kann man erhalten durch die Methode der kinetischen Analyse, d. h. indem man die Auswirkungen der Variablen auf das Tempo der Gestaltung und auf die Größe der erzeugten polymeren Moleküle studiert. Leider geben uns solche Experimente keinerlei Aufschluß bezüglich der Chemie einiger dieser Reaktionen. Es zeigt sich hier wiederum, daß die radioaktiven Verfahren äußerst nützlich sind als eine zusätzliche Methode für eine Inangriffnahme dieses Problems.

Zunächst geht es darum herauszufinden, wie die Radikale erzeugt werden. Für diesen Zweck werden weitgehend zwei Stoffe verwendet, nämlich Azoisobutyronitril und Benzoylperoxyd:

$$NC-\underset{\underset{Me}{|}}{\overset{\overset{Me}{|}}{C}}-N=N-\underset{\underset{Me}{|}}{\overset{\overset{Me}{|}}{C}}-CN \qquad \text{und} \qquad \begin{matrix} C_6H_5COO \\ | \\ C_6H_5COO \end{matrix}$$

Diese Stoffe werden nur in einem Ausmaß von wenigen Zehnteln eines Gewichtsprozentes in der Reaktionsmischung verwendet, wenn Polymerisationsexperimente durchgeführt werden; daher sind die hergebrachten chemischen Methoden zur Verfolgung des Zerfallsverlaufes von nur geringem Nutzen. Wenn Nitril zerfällt, entwickelt sich Stickstoff, und der kann genau gemessen werden. Die Frage ist, was mit dem Rest des Moleküls geschieht. Wahrscheinlich werden die Radikale Me_2 C.CN erzeugt. Einige dürften sich wohl auch an Stoffe anlagern, um polymerisiert zu werden, und einige dürften auf andere Weise reagieren. Das Problem besteht darin, den Reaktionsverlauf quantitativ zu verfolgen, wenn das Produkt in einer Menge von nur wenigen Mikrogramm vorhanden ist, gelöst in mehreren Grammengen anderer Molekülarten, einschließlich Monomer und Polymer. Die Azo-Verbindung kann durch Synthetisieren aus radioaktivem Zyan radioaktiv gemacht werden. Wenn sich daher die Radikale beim Beginn der Polymerisation folgendermaßen an das Polymer anlagern:

$$Me_2\ C.\overset{\bullet}{C}N + CH_2 = CHX \rightarrow Me_2\ C.\overset{\bullet}{C}N.CH_2 - CHX -,$$

so wird das Ende des Polymers radioaktiv. Glücklicherweise ist es ein einfaches Verfahren, das Polymer von all den anderen kleinen, in dem System vorhandenen Molekülen zu trennen. So kann man den Wirkungsgrad bei der Auslösung der Reaktion errechnen, da der Zerfallsanteil der Azo-Verbindung bekannt ist. Gewöhnlich beträgt er rund 50 %. Nun erhebt sich die Frage, was geschieht mit den Radikalen, die keine Polymerisation einleiten. Sie dürften sich wohl verbinden, um Tetramethylsuccinodinitril zu bilden

$$\begin{matrix} Me_2C{-}CN \\ | \\ Me_2C{-}CN \end{matrix} \qquad \text{oder auch unproportioniert mögen sie ergeben } CH_2 = C(Me)CN$$

und $CH_3CH(Me)CN$. Wiederum halten sich die Ausmaße dieser Verbindungen nur in der Größenordnung von 10^{-6} Gramm. Die Methode, ihren Umfang nachzuweisen und zu messen, ist unter dem Namen „isotopic dilution technique" bekannt. Um zum Beispiel jeden Bestandteil abzuschätzen, z. B. Tetramethylsuccinodinitril, wird dem Reaktionsgemisch ein Überschuß an nichtradioaktiver Verbindung beigegeben und dann eine Menge von isoliertem und sorgfältig gereinigtem T.M.D.N. Bei diesem Prozeß wird ein Bruchteil des radioaktiven Materials durch den Trennungsvorgang abgesondert. Die Radioaktivität dieses Probeobjektes ist dann bestimmt, und aus dem Gewicht des beigegebenen und wieder hergestellten T.M.D.N. kann das Gewicht des radioaktiven Produktes genau errechnet werden.

Ähnliche Experimente können mit dem $CH_3 - CH$ (Me) CN angestellt werden, doch das $CH_2 = C(Me)CN$ kopolymerisiert gewöhnlich mit Monomeren und geht auf diese Weise verloren. Hierdurch kann ein Stoff-Ausgleich konstruiert werden, der die Chemie des Zerfalls des Moleküls, das die Polymerisation in Gang bringt, sowie das tatsächliche Einsetzen der Polymerisation vollständig erklärt. All das kann durchgeführt werden, obwohl das Gesamtgewicht all dieser Produkte nur 1 Mikrogramm betragen mag und obwohl ein enormer Überschuß der anderen Bestandteile des Systems vorliegt.

Normalerweise kommt das Anwachsen des Polymers zu einem Stillstand, wenn die Polymer-Radikale untereinander reagieren, und hier taucht wiederum die Frage nach der Chemie dieses Prozesses auf, d. h. ob die Radikale sich verbinden oder disproportionieren. Wenn das letztere eintritt, wird das eine Molekül an einem Ende eine Doppelbindung haben und das andere eine einfache abgesättigte Bindung:

$$2 R\text{–}CH_2\text{–}CHCN \rightarrow R\text{–}CH = CHCN + R\text{–}CH_2\text{–}CH_2CN.$$

Da hier nicht weniger als 10 000 Einheiten in dem Polymer sein werden, wird die Aufdeckung solcher Endstrukturen durch irgendeine analytische Methode, wie verfeinert sie auch sein mag, ganz unmöglich sein. Hier wiederum gibt uns die neue Methode eine ganz klare Antwort. Wenn R eine radioaktive Endstruktur ist, dann wird im Falle einer Disproportionierung *eine* solche Endgruppe pro Molekül vorhanden sein, dagegen *zwei*, wenn eine Kombination eintritt. Eine Probe des Polymers ist für die Radioaktivität geprüft, ebenso ist die Anzahl von polymeren Molekülen bei einem gegebenen Stoffgewicht durch die Osmometrie festgelegt. Die Ergebnisse zeigen keinerlei regelmäßiges Modell. Mit einigen Polymeren, wie Polystyren, verbinden sich alle Radikale, und die Struktur ist daher:

$$R\text{–}(CH_2CHPh) (CHPh\text{–}CH_2)\text{–}R.$$

In anderen Fällen kommen beide Arten des Abschlusses vor; das Verhältnis kann leicht aus der Durchschnittszahl der Endgruppen pro Polymer-Molekül errechnet werden. Die Temperatur übt einen Einfluß aus – ein Temperaturanstieg veranlaßt ein größeres Ausmaß an Disproportionierung, wie man sich leicht vorstellen kann, da dies die Übertragung eines H-Atoms vom einen Radikal zum andern einschließt. Eine solche Reaktion mag eine gewisse Aktivierungsenergie benötigen. Es ist auch möglich, herauszufinden, was mit verschiedenartigen Radikalen geschieht. Das spielt sich so ab, daß oft zwei verschiedenartige Radikale vorzugsweise miteinander reagieren. Es treten Kombinationen von Styren- und Methacrylat-Radikalen auf trotz der Tatsache, daß die letztere Art von Radikalen zur Disproportionierung neigt.

Ähnliche Methoden werfen ein Licht auf die Chemie des Endvorganges, wenn dem polymerisierenden System Verzögerer beigegeben werden. Zum Beispiel wenn p-Benzochinon dem Methacrylat in einem Ausmaß von wenigen Zehnteln eines Prozents beigegeben wird, dann wird die Reaktionsgeschwindigkeit wie auch die Größe der erzeugten polymeren Moleküle verringert. Der ganze Aufschluß, den die chemische Kinetik verschafft, besteht darin, daß das Chinon-Molekül mit den Polymer-Radikalen reagiert, doch die Analyse vermag nichts über die Natur des sich ergebenden Radikals auszusagen. Bei Verwendung von radioaktivem Benzochinon kann man nachweisen, daß in jedem polymeren Molekül ein Molekül Benzochinon eingeschlossen ist. Das würde eine Struktur einschließen

$$R - M_n - B.$$

Wenn das Experiment unter Verwendung eines radioaktiven Initiators und gewöhnlichen Benzochinons wiederholt wird, so findet man, daß es pro Molekül zwei Endgruppen gibt, aus denen man auf folgende Struktur des Polymers schließen darf:

$$R - M_n - B - M_n - B.$$

Dabei befindet sich das Benzochinon im Durchschnitt in der Mitte des Moleküls. Daraus darf man annehmen, daß der Reaktionsverlauf so ist:

$$R - M_n - O - B = O$$
$$R - M_n - O - B - O - M_n - R.$$

Es entsteht ein Di-Äther. Das kann nachgewiesen werden, indem man polymeres markiertes Benzochinon nimmt und es mit $(CF_3CO)_2O$ behandelt, das die Ätherketten abspaltet und ein radioaktives $CF_3COO - OCOCF_3$ hervorruft. Das zurückbleibende Polymer verliert seine Radioaktivität. Auch hier zeigt sich, daß Strukturen dieser Art, die in so äußerst kleinen Proportionen vorliegen, auf keinem anderen Wege hätten bestimmt werden können.

Manchmal liegen die Dinge nicht so einfach wie oben beschrieben. Das End-Ätherradikal R–R–B–O– dürfte im Prinzip mit einem Monomer-Molekül, statt mit einem Radikal reagieren; in diesem Fall würde das Chinon wirklich mit dem Monomer kopolymerisieren. Das kann eintreten bei Styren, das reaktiver ist als Methacrylat. Die Erscheinungen sind hier verwickelter, da Benzochinon die Polymerisation vollständig verhindert; sobald es aber verschwindet, kommt die Reaktion in Gang, wie in Abbil-

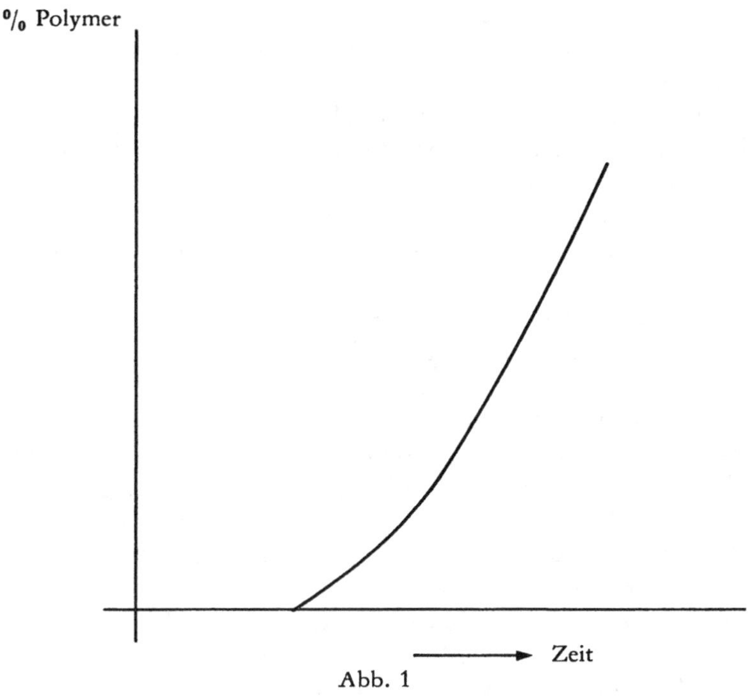

Abb. 1

dung 1 gezeigt wird, wo die Masse des erzeugten Polymers als eine Funktion der Zeit aufgezeigt wird. Das radioaktive Verfahren gestattet die Feststellung folgender Tatsachen: Wenn auch das Chinon nur in einer Konzentration von 0,1 g/l vorhanden ist, kann doch mit Hilfe der „isotopic dilution method" durch Verwendung von radioaktivem Chinon gezeigt werden, daß sich das Chinon chemisch auflöst. Während der Beschleunigungsphase der Reaktion können alle Benzochinoneinheiten von 0,5 bis 2 in das Polymer-Molekül eingegliedert werden. Das zeigt, daß eine gewisse geringfügige Abstufung der Kopolymerisation eintritt. Bei jedem anderen Verfahren wäre das völlig unauffindbar. Gleichzeitig kann gezeigt werden, daß es rund 2 Endgruppen pro Polymer-Molekül gibt. Während der Induktionsdauer wird der Di-Äther R–O– B –O–R– durch R als dem die Reaktion in Gang setzenden Radikal gebildet, wenn auch nicht in dem von der Geschwindigkeit des Abbaus des Initiators in Radikale geforderten Umfang.

Als Verzögerer wurde beim Studium an Polymeren wegen seiner einfachen Handhabung Diphenyl Picryl Hydrazyl verwendet (D.P.P.H.). Da

es leicht mit Radikalen reagiert, wird seine Auflösungsgeschwindigkeit oft
zur Messung der Entstehungsgeschwindigkeit der Radikale, z. B. aus einem
Initiator, verwandt. Die Chemie dieser Reaktion ist jedoch sehr verwickelt,
da das D.P.P.H.-Radikal andere Radikale dehydrieren kann, um Hydrazin
zu bilden. Die NO_2-Gruppe kann sowohl im Hydrazyl wie im Hydrazin
von Radikalen angegriffen werden, so daß das D.P.P.H. an dieser Stelle
in das Polymer eingegliedert werden kann. Wiederum kann man durch Verwendung von Indikatoren feststellen, daß in einem Stoff ein H-Atom-
Austausch zwischen Hydrazyl und Hydrazin sich innerhalb von wenigen
Minuten vollzieht. Das wurde z. B. nachgewiesen durch Verwendung von
radioaktivem Hydrazyl, wobei radioaktives Hydrazin in dem Reaktionsgemisch festgestellt werden kann.

Das Studium der verzweigten Kettenpolymere war immer eine der
schwierigsten Aufgaben in der Polymerchemie, und der Fortschritt war
wegen der Mühseligkeit der verwendeten Methoden sehr langsam. Eine Ver-
ästelung tritt auf durch zwei Vorgänge. Das lange biegsame Polymer-
Radikal kann sich sozusagen selbst rückwendend angreifen, indem das freie
Endradikal einen Teil des Moleküls in seiner Nachbarschaft dehydriert. Da-
durch entstehen kurze Verästelungen. Es kann aber auch ein Polymer-Radikal ein benachbartes Polymer-Molekül an einem beliebigen Punkt der Kette
dehydrieren. Es entsteht dann das Problem, diese letztere Art des Angrei-
fens herauszufinden.

Die Wirkung hoher Energie-Strahlung

Erst in den letzten Jahren wurden Quellen für hohe Energiestrahlung
mit genügend hoher Intensität verfügbar, so daß merkliche chemische Veränderungen an einem Stoff in einer annehmbaren Zeitspanne bewerkstelligt werden können. Die gebräuchlichste Quelle ist die Gammastrahlung,
die beim Zerfall einer Anzahl radioaktiver Elemente – am meisten wird
Kobalt verwandt – ausgesandt wird. Die Strahlung entspricht einer Energie
von 1,2 Millionen Elektronenvolt und durchdringt organische Verbindungen bis zu einer Tiefe von 1–2 Fuß, bevor sie merklich in ihrer Intensität
reduziert wird. So ist ihre Durchschlagskraft für normale chemische Vorgänge mehr als genug. Von einem Teilchenbeschleuniger – wie den Linear-Be-
schleunigern – können Strahlen von vielen Millionen Elektronenvolt erzeugt
werden, jedoch mit geringerer Durchschlagskraft als die Gammastrahlung,
was aber gewöhnlich genügt, das Laboratoriumssystem zu durchstrahlen.

Die Wirkungen auf feste Polymere fallen heute allmählich unter eine ganz genau bestimmte Modellvorstellung. Ähnlich wie durch die Einwirkung von Licht und Wärme werden Polymere mitunter herabgesetzt zu Molekülen geringeren Umfanges, oder Linear-Moleküle kreuzweise verkettet zu unlöslichen und nichtschmelzbaren Ketten. Es sind schon viele Betrachtungen über den Zusammenhang dieser Reaktion angestellt worden. Die Energie in einem Quantum der Gammastrahlung ist weit mehr als ausreichend, um nicht nur chemische Bindungen zu sprengen, sondern auch Elektronen aus dem Molekül auszuscheiden. Der Nachweis, daß der letztere Prozeß eintritt, ist durch die Beobachtung erbracht, daß das Polymer nach der Bestrahlung elektrisch geladen wird. Eine Tatsache steht jedoch deutlich fest: Nach einer angemessenen Bestrahlungszeit werden tatsächlich Polymer-Radikale in meßbaren Zahlen erzeugt.

Die Methode zum Nachweis dieser Radikale beruht auf einem magnetischen Verfahren, das in diesem speziellen Zusammenhang äußerst nützlich zu werden verspricht. Ein freies Radikal ist paramagnetisch. Vor vielen Jahren wurde der Magnetismus des klassischen freien Radikals der organischen Chemie – Triphenylmethyl – durch ebenso klassische magnetische Methoden gemessen. Diese Methoden sind jedoch bei weitem nicht empfindlich genug, da sie nur Konzentrationen bis herab zu 10^{-3} Mol pro Liter messen können, während für den vorliegenden Zweck eine hundertfache Zunahme der Empfindlichkeit erforderlich ist. Das dabei angewandte Prinzip ist kurz folgendes: das freie Radikal besitzt ein ungepaartes Elektron; ein solches Elektron besitzt einen Drall, d. h. es verhält sich als rotierende elektrische Ladung und daher als Rotationsenergie, die, wie alle anderen Energieformen, gequantelt sein muß. Wenn man ein solches Radikal in ein Magnetfeld einführt, kann es im Hinblick auf das magnetische Feld zwei Ausrichtungen mit schwach unterschiedlichen Energien annehmen. In einem Feld von wenigen Tausend Gauß entspricht die Energiedifferenz einem Energiequantum bei Wellenlängen von wenigen Zentimetern. Beim Vorhandensein eines elektromagnetischen Feldes dieser Frequenz kann somit der Drall des Elektrons mit einer Dämpfung der Energie im Feld verändert werden. Um diese Dämpfung festzustellen und die Konzentration der ungepaarten Elektronen zu messen, ist ein ziemlich verwickelter Apparat notwendig. Ein Abriß seiner wesentlichen Bestandteile wird in Abbildung 2 gezeigt. Das Prüfobjekt ist in einer Anlage enthalten, der Hohlraumresonator genannt wird. In diesen Hohlraum hinein wird die Strahlung gespeist von einer hochfrequenten Generatorröhre aus, durch einen Raumfilter hin-

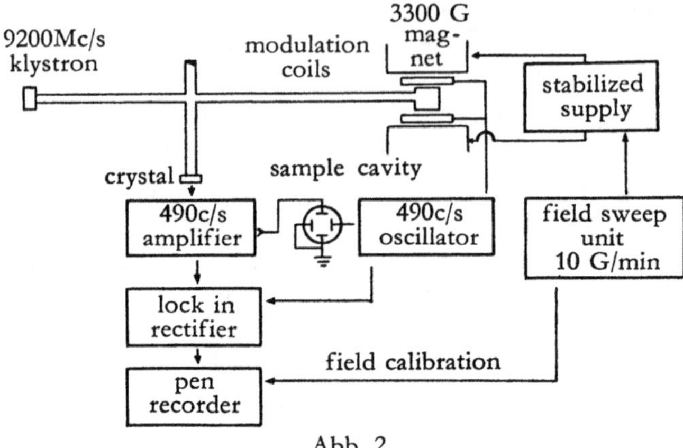

Abb. 2

durch. Diese wird von dem Resonator reflektiert und aufgenommen, gleichgerichtet und verstärkt, und das Signal auf einer Braunschen Röhre sichtbar gemacht; denn bei einer bestimmten Frequenz tritt eine angegebene Magnetfeldabsorption ein. Es ist indessen leichter, ein Magnetfeld zu variieren als die Frequenz der Generatorröhre, und so wird in der Praxis das Magnetfeld auf der einen Seite, auf der eine Dämpfung nötig ist, variiert. Die Dämpfung der Energie wird dann graphisch als eine Funktion des Magnetfeldes abgetragen. Die Art des Ergebnisses, das für das feste freie Radikal Diphenyl-Picryl-Hydrazyl gewonnen wurde, wird in Abbildung 3 gezeigt.

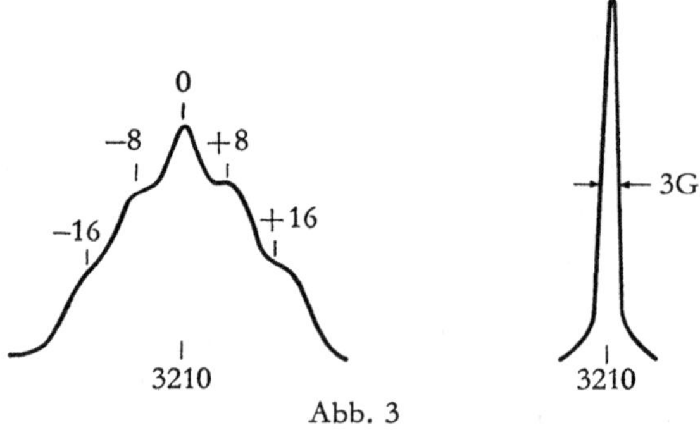

Abb. 3

Sie besteht aus einer sehr scharfen Dämpfung. Die Fläche unter der Kurve ist der Anzahl der Radikale in dem Hohlkörper direkt proportional, und so kann das Instrument durch Verwendung einer bekannten Anzahl solcher Radikale geeicht werden.

Wenn irgendein festes Polymer für wenige Stunden aus einer Entfernung von wenigen Zoll von einer, sagen wir, etwa 100 Curie-Quelle von Kobalt 60 bestrahlt wird, so gibt die Elektronenresonanz-Methode Aufschluß über die Konzentration der Radikale bis zu 10^{-4} Mol pro Liter. In festem Zustand und in luftleerem Raum bleiben diese Radikale viele Tage bestehen. Wenn das Polymer, z. B. Perspex (glasähnlicher Kunststoff), für wenige Minuten auf 100°C erhitzt wird, bei welcher Temperatur es weich wird, verschwinden die Radikale auf einmal. Ähnlich werden die Radikale zerstört, wenn sie der Luft oder Sauerstoff ausgesetzt werden. Eine andere

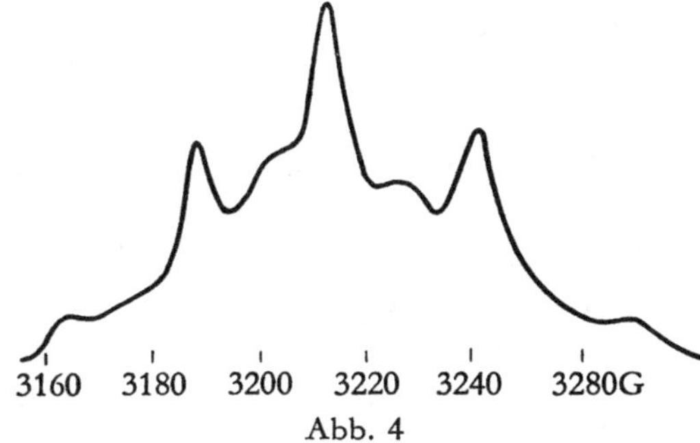

Abb. 4

interessante Tatsache zeigt sich, wenn man die Einzelheiten des magnetischen Spektrums betrachtet; denn das Spektrum des Perspex ist bedeutend komplizierter als das des D.P.P.H. Einen typischen Registrierstreifen für Polymethyl-Methacrylat zeigt Abbildung 4. Hier sind nicht weniger als 9 Spitzen zu sehen. Das kommt daher, daß die ungepaarten Elektronen mit den Atomkernen, die ein magnetisches Moment haben, in Wechselwirkung treten können, falls diese sich in unmittelbarer Nähe befinden. Das bedeutet eine Aufspaltung in dem Quantumzustand. Das Ergebnis dieser Verflechtung ist, daß das Spektrum dann für einen gewissen Bereich charakteristisch ist für die Natur des Radikals, und so kann die Methode diagnostisch werden. Verschiedene Polymere, z. B. Polymethacrylat und Polymethacrylsäure, ergeben mitunter dasselbe Spektrum, und solche diagnostischen Anwendungen müssen daher mit Sorgfalt durchgeführt werden. Die Veränderung im Spektrum kann leicht aufgedeckt werden, indem man Sauerstoff zugibt, wobei sich das komplizierte Methacrylat-Spektrum in ein sehr viel einfacheres verwandelt; die Beschaffenheit des Radikals ändert sich nämlich, wenn das Stauerstoff-Molekül hinzutritt, und es entsteht ein Peroxy-Radikal.

Wenn die Radikale entstehen, so kann die Aufspaltung der Bindungen zwischen den Atomen entweder die Aufspaltung des Rückgrats (C-C-Bindungen) des Polymer-Moleküls mit sich bringen oder die Lösung eines Atoms oder Atomgruppen als Pendant-Strukturen. Der Wirkungsgrad dieses Prozesses schwankt mit der Beschaffenheit des Polymers, aromatische Strukturen z. B. können verhältnismäßig große Energiemengen absorbieren, ohne daß dies von einer chemischen Auflösung begleitet wäre. Wenn Bindungsauflösung eintritt, gibt es zwei Möglichkeiten: entweder verbinden sich die Radikale, oder sie disproportionieren. Welche von diesen Reaktionen eintritt, hängt wiederum von der Natur der Radikal-Strukturen ab, wie wir oben gesehen haben. Tritt Auflösung des Rückgrats ein, und die Radikale disproportionieren oder ziehen aus ihrer unmittelbaren Nachbarschaft Atome an sich, so findet Auflösung des Polymers statt. Tritt eine Verbindung ein, schließt sich das Polymer-Radikal wieder an, und man beobachtet keine augenscheinliche Einwirkung.

Falls in einem entsprechenden Glied Bindungsauflösung vorkommt und das Wasserstoffatom frei wird, kann ein solches Atom heraustreten und sich schließlich mit einem anderen verbinden und als molekularer Wasserstoff aus dem System entweichen. Wenn sich dann die verbleibenden verhältnismäßig unbeweglichen Radikale verbinden, bildet sich eine Kreuzverbindung zwischen Ketten, und das Polymer wird unschmelzbar und unlöslich. Das älteste festgestellte Beispiel ist Polyaethylen, das auf diese Weise sehr einfach kreuzverbunden ist. Das ist noch nicht einmal erstaunlich; denn viele Beweise über das Verhalten der Kohlenwasserstoff-Radikale zeigen, daß sie sich tatsächlich verbinden. Die Arten von Polymeren, die abbauen oder Kreuzverbindungen bilden, lassen sich unter ein bestimmtes Schema unterordnen:

Kreuzverbindung	*Abbau*
CH_2CH_2	$CH_2-CMeCOOMe$
$CH_2-CHCOOMe$	CH_2-CMe_2
$CH_2-CH=CMe-CH_2$	
$CH_2-CHOCOCM_3$	
CH_2-CHCN	

So scheinen in solchen Molekülen mit einem α-Wasserstoff-Atom Kreuzverbindungen die Regel zu sein. Obwohl diese Methode noch nicht in größerem Umfange ausgewertet wird, ist sie doch besonders nützlich, weil die

Struktur des herzustellenden Erzeugnisses hergestellt werden kann unter Verwendung des schmelzbaren Linear-Polymers. Danach kann Kreuzverbindung bewerkstelligt werden, ohne daß man einen Reaktionsteilnehmer zu dem System hinzugeben muß, und ohne größenmäßig bedeutende Veränderung in der Polymer-Masse. Wenn auch einige Polymere abbauen, wie Polymethacrylat, kann man dem vorbeugen, und das Polymer verbindet sich kreuzweise durch Zugabe bestimmter Substanzen, wie p-Benzochinon, welches, wie oben gezeigt wurde, dazu neigt, vermittels eines Benzochinonrestes 2 Moleküle Methacrylat aneinander zu koppeln.

Hohe Energie-Strahlungen können verwandt werden zur Ingangsetzung der Polymerisation. Normalerweise hat das keinen besonderen Nutzen in homogenen flüssigen Systemen, da bereits eine große Anzahl herkömmlicher thermischer und photochemischer Verfahren zur Verfügung steht. In Emulsionssystemen, in denen außer der Seife, die zur Bildung der Emulsion nötig ist, eine beträchtliche Zahl von Bestandteilen wie Hydroperoxyd, Eisensalzen, Zucker und anderer Komponenten vorhanden ist, schaltet die Anwendung der Strahlen die Verwendung solch verwickelter Gemische aus mit dem Ergebnis, daß die Freimachung der festen Polymere von den Verschmutzern leichter ist. Sehr hohe Geschwindigkeiten können für die Emulsions-Polymerisation erreicht werden, sehr viel höhere als in dem reinen Monomer unter gleichen Bedingungen. Das beruht teilweise darauf, daß die Polymerisation bei einer gegebenen Einleitungsgeschwindigkeit in einer Emulsion schneller vonstatten geht als in homogenen Systemen, und teilweise auf der wirksameren Verwendung der Strahlung beim Beginn der Polymerisation. Es scheint, daß die OH-Radikale, die durch den Abbau des wässerigen Mediums entstehen, die wirklichen Anlasser der Polymerisation sind.

Der zusätzliche Nutzen des Emulsionssystems besteht darin, daß das Einsetzen und Aufhören der Reaktion genau kontrolliert werden kann; das ist von Bedeutung bei der Synthese der sogenannten Block-Kopolymere. In einem Kopolymer von den zwei Bestandteilen A und B sind die Glieder in der polymeren Struktur ganz willkürlich entlang den Rückbindungen verteilt. In einem Block-Kopolymer befinden sich andererseits lange Reihen von A- und B-Gliedern, und am Ende kann das Molekül aus nur zwei solcher Reihen bestehen. Das Problem liegt in der Synthetisierung solcher Strukturen. Die Methode der Strahlungsemulsion macht von folgendem Prinzip Gebrauch: In einer Monomeremulsion befinden sich im Wasser aufgequollene Seifenmiscellen mit einer begrenzten Menge des Monomers. In dem wässerigen

Zustand befindet sich eine kleine Menge des gelösten Monomers. Der Rest des Monomers besteht aus im Wasser fein verteilten Tröpfchen. Die Polymerisation kommt in Gang in der gequollenen Miscelle, sagen wir durch ein OH-Radikal, das mit der Miscelle zusammenstößt und in sie eindringt. Da sich das Monomer in ein Polymer verwandelt, wandert das Monomer von den Tröpfchen über das Wasser zu der Stelle der Polymerisation, wobei die Miscellen zu größeren Teilchen werden, z. B. von 50 A bis 1000 A, bis die Monomertröpfchen verschwinden. Infolge der geringen Größe der Teilchen, in denen die Polymerisation eintritt, wird das Polymerwachstum durch die OH-Radikale auch beendet. Wenn jedoch der Nachschub an OH-Radikalen plötzlich abgeschnitten wird, wie es durch Entfernung des Gebildes von der Quelle der Gammastrahlung geschehen kann, dann verbleibt das Polymer-Radikal eingebettet in dem Polymer – denn ein weiteres Anwachsen des Polymers ist nicht möglich, wenn Monomere nicht vorhanden

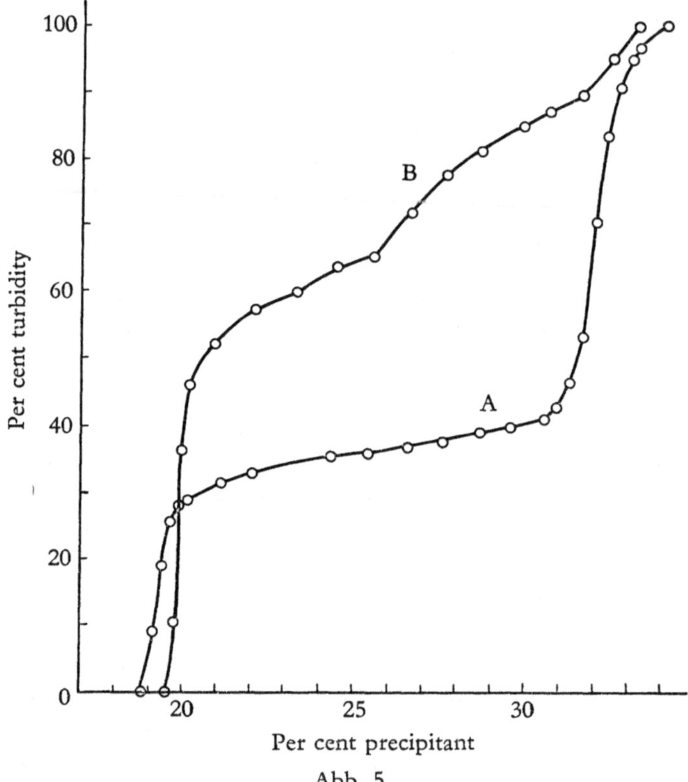

Abb. 5

sind. Auf diese Weise kann man die feine Verteilung der freien Radikale im Wasser vorbereiten. Das geschieht besonders einfach mit Vinylacetat. Wenn man zu diesem Gebilde eine Emulsion eines anderen Monomers hinzufügt, wie Methyl-Methacrylat, dann tritt auf einmal Polymerisation ein ohne die Notwendigkeit weiterer Bestrahlung, wogegen sich natürlich das Methacrylat unter diesen Bedingungen nicht selbst polymerisieren würde. Der Nachweis, daß ein Block-Kopolymer und kein Gemisch entstanden ist, ist höchst einfach erbracht worden, indem man eine verdünnte Lösung des Polymers einer sogenannten turbidimetrischen Titration unterzog. Dieser Prozeß besteht darin, die Lösung des Polymers, z. B. Aceton mit Wasser als Ausscheidungsmittel, zu titrieren. Der Verlauf der Ausscheidung wird verfolgt, indem man die Trübung der Aufschlemmung mit einem automatischen photoelektrischen Apparat mißt. Bei einer verdünnten Lösung, z. B. 0,5%, gibt es keine Zusamenballung des ausgeschiedenen Polymers. Die Kurve A in Abb. 5 zeigt, was mit einer Mischung der zwei getrennten Polymere geschieht. Hier kann man sehen, daß zwei scharf abgesetzte Zonen der Ausscheidung vorhanden sind. Kurve B zeigt die Kurve für das Emulsionsgebilde, wo man sehen kann, daß bei 25 % Ausscheidungsmittel ein Polymer von dazwischenliegender Löslichkeit ausgeschieden wird. Auf normalem Wege tritt eine nur sehr geringe Kopolymerisation von Vinylacetat und Methylacrylat ein; so können also mit Hilfe des Emulsionsverfahrens neue Polymere von einem weiteren Umfang der chemischen Zusammensetzung vorbereitet werden.

Eine andere Methode, Polymerstrukturen zu verändern, ist besonders anwendbar bei Fasern oder feinzerteiltem Pulver. Das Problem ist hier nicht die Synthese von Block-Kopolymeren, sondern die Veränderung der Oberflächenstruktur eines Polymers. Wiederum werden die Radikale durch Bestrahlung mit Kobalt 60 erzeugt. Das kann bestätigt werden durch die Elektronenresonanz-Apparatur; Nylon, Terylen, Orlon, sie alle geben meßbare Konzentrationen. Statt die Faser in flüssiges Monomer zu tauchen, ist es äußerst bequem, Dampf des Monomers zuströmen zu lassen; das Monomer ist Acrylonitril, das von der Faser nicht absorbiert oder anderweitig aufgenommen wird. Das bedeutet, daß nur die Oberflächen-Radikale die Reaktion in Gang bringen können. Der Acrylonitril-Dampf verschwindet allmählich, was die Bildung einer neuen Polymerform auf der Faseroberfläche anzuzeigen pflegt. Die gebildete Menge ist natürlich äußerst gering – vielleicht nur 1 % des Gesamtgewichtes der Faser; die aufgenommene Menge kann höchst einfach durch Verwendung radioaktiven Acrylonitrils veranschlagt werden, während die Aktivität der Faser auf normalem Wege nachgeprüft werden kann. Bei Abwesenheit der Strahlung und in Gegenwart des Acrylonitril-Dampfes nimmt die Faser keinerlei Aktivität an; wird dagegen das Polymer im Vacuum bestrahlt und nachträglich dem Dampf ausgesetzt, so zeigt sich Radioaktivität. Wenn man zu den bestrahlten Fasern Sauerstoff zuführt, wird weitere Polymerisation verhindert. Bei Erhöhung der Temperatur nimmt die Menge des Polymers ab. Das kommt wahrscheinlich daher, daß die Oberflächenradikale bei höheren Temperaturen bewegter werden und sich gegenseitig zu zerstören suchen. Diese Behandlung ist so sanft, daß die Natur des Faserkörpers nicht im geringsten in Mitleidenschaft gezogen wird.

Ein weiteres interessantes Beispiel von der Anwendung der Strahlung ist die Polymerisation fester Monomere. Acrylamid z. B. schmilzt bei 70°C. Es kann nicht auf normalem Wege polymerisiert werden, doch die Gammastrahlung erzeugt solche Polymerisation, und die Kristalle verwandeln sich in ein festes Polymer.

VERÖFFENTLICHUNGEN DER ARBEITSGEMEINSCHAFT FÜR FORSCHUNG DES LANDES NORDRHEIN-WESTFALEN

NATURWISSENSCHAFTEN

HEFT 29
Prof. Dr. Bernhard Rensch, Münster
Das Problem der Residuen bei Lernleistungen
Prof. Dr. Hermann Fink, Köln
Über Leberschäden bei der Bestimmung des bio-
logischen Wertes verschiedener Eiweiße von Mikro-
organismen
1954, 96 Seiten, 23 Abb., kartoniert, DM 5,25

HEFT 30
Prof. Dr.-Ing. Friedrich Seewald, Aachen
Forschungen auf dem Gebiete der Aerodynamik
Prof. Dr.-Ing. Karl Leist, Aachen
Einige Forschungsarbeiten aus der Gasturbinen-
technik
1955, 98 Seiten, 45 Abb., kartoniert, DM 7,—

HEFT 31
Prof. Dr.-Ing. Dr. h. c. Fritz Mietzsch, Wuppertal
Chemie und wirtschaftliche Bedeutung der Sulfon-
amide
Prof. Dr. h. c. Gerhard Domagk, Wuppertal
Die experimentellen Grundlagen der bakteriellen
Infektionen
1954, 82 Seiten, 2 Abb., kartoniert, DM 4,—

HEFT 32
Prof. Dr. Hans Braun, Bonn
Die Verschleppung von Pflanzenkrankheiten und
-schädigungen über die Welt
Prof. Dr. Wilhelm Rudolf, Voldagsen
Der Beitrag von Genetik und Züchtung zur Be-
kämpfung von Viruskrankheiten der Nutzpflanzen
1953, 88 Seiten, 36 Abb., kartoniert, DM 5,—

HEFT 33
Prof. Dr.-Ing. Volker Aschoff, Aachen
Probleme der elektroakustischen Einkanalübertra-
gung
Prof. Dr.-Ing. Herbert Döring, Aachen
Erzeugung und Verstärkung von Mikrowellen
1954, 74 Seiten, 23 Abb., kartoniert, DM 4,30

HEFT 34
Geheimrat Prof. Dr. Dr. Rudolf Schenck, Aachen
Bedingungen und Gang der Kohlenhydratsynthese
im Licht
Prof. Dr. Emil Lehnartz, Münster
Die Endstufen des Stoffabbaues im Organismus
1954, 80 Seiten, 11 Abb., kartoniert, DM 4,20

HEFT 35
Prof. Dr.-Ing. Hermann Schenck, Aachen
Gegenwartsprobleme der Eisenindustrie in Deutsch-
land
Prof. Dr.-Ing. Eugen Piwowarsky †, Aachen
Gelöste und ungelöste Probleme im Gießereiwesen
1954, 110 Seiten, 67 Abb., kartoniert, DM 6,50

HEFT 36
Prof. Dr. Wolfgang Riezler, Bonn
Teilchenbeschleuniger
Prof. Dr. Gerhard Schubert, Hamburg
Anwendung neuer Strahlenquellen in der Krebs-
therapie
1954, 104 Seiten, 43 Abb., kartoniert, DM 7,—

HEFT 37
Prof. Dr. Franz Lotze, Münster
Probleme der Gebirgsbildung
1957, 48 Seiten, 12 Abb., kartoniert, DM 2,75

HEFT 38
Dr. E. Colin Cherry, London
Kybernetik
Prof. Dr. Erich Pietsch, Clausthal-Zellerfeld
Dokumentation und mechanisches Gedächtnis —
zur Frage der Ökonomie der geistigen Arbeit
1954, 108 Seiten, 31 Abb., kartoniert, DM 5,25

HEFT 39
Dr. Heinz Haase, Hamburg
Infrarot und seine technischen Anwendungen
Prof. Dr. Abraham Esau †, Aachen
Ultraschall und seine technischen Anwendungen
1955, 80 Seiten, 25 Abb., kartoniert, DM 4,80

HEFT 40
Bergassessor Fritz Lange, Bochum-Hordel
Die wirtschaftliche und soziale Bedeutung der Sili-
kose im Bergbau
Prof. Dr. Walter Kikuth, Düsseldorf
Die Entstehung der Silikose und ihre Verhütungs-
maßnahmen
1954, 120 Seiten, 40 Abb., kartoniert, DM 7,25

HEFT 40 a
Prof. Dr. Eberhard Gross, Bonn
Berufskrebs und Krebsforschung
Prof. Dr. Hugo Wilhelm Knipping, Köln
Die Situation der Krebsforschung vom Standpunkt
der Klinik
1955, 88 Seiten, 31 Abb., kartoniert, DM 5,—

HEFT 41
Direktor Dr.-Ing. Gustav-Victor Lachmann, London
An einer neuen Entwicklungsschwelle im Flugzeugbau
Direktor Dr.-Ing. A. Gerber, Zürich-Oerlikon
Stand der Entwicklung der Raketen- und Lenk-
technik
1955, 88 Seiten, 44 Abb., kartoniert, DM 6,—

HEFT 42
Prof. Dr. Theodor Kraus, Köln
Lokalisationsphänomene und Ordnungen im Raume
Direktor Dr. Fritz Gummert, Essen
Vom Ernährungsversuchsfeld der Kohlenstoffbio-
logischen Forschungsstation Essen
1957, 69 Seiten, 20 Abb., kartoniert, DM 4,50

HEFT 42 a
Prof. Dr. Dr. h. c. Gerhard Domagk, Wuppertal
Fortschritte auf dem Gebiet der experimentellen
Krebsforschung
1954, 46 Seiten, kartoniert, DM 2,—

HEFT 43
Prof. Giovanni Lampariello, Rom
Über Leben und Werk von Heinrich Hertz
Prof. Dr. Walter Weizel, Bonn
Über das Problem der Kausalität in der Physik
1955, 76 Seiten, kartoniert, DM 3,30

HEFT 43 a
Prof. Dr. José Mᵃ Albareda, Madrid
Die Entwicklung der Forschung in Spanien
1956, 68 Seiten, 18 Abb., kartoniert, DM 4,—

HEFT 44
Prof. Dr. Burckhardt Helferich, Bonn
Über Glykoside
Prof. Dr. Fritz Micheel, Münster
Kohlenhydrat-Eiweiß-Verbindungen und ihre bio-
chemische Bedeutung
1956, 70 Seiten, 67 Abb., kartoniert, DM 4,60

HEFT 45
Prof. Dr. John von Neumann, Princeton, USA
Entwicklung und Ausnutzung neuerer mathematischer Maschinen
Prof. Dr. Eduard Stiefel, Zürich
Rechenautomaten im Dienste der Technik mit Beispielen aus dem Züricher Institut für angewandte Mathematik
1955, 74 Seiten, 6 Abb., kartoniert, DM 3,50

HEFT 46
Prof. Dr. Wilhelm Weltzien, Krefeld
Ausblick auf die Entwicklung synthetischer Fasern
Prof. Dr. Walther Hoffmann, Münster
Wachstumsprobleme der Industriewirtschaft
in Vorbereitung

HEFT 47
Staatssekretär Prof. Dr. h. c. Leo Brandt, Düsseldorf
Die praktische Förderung der Forschung in Nordrhein-Westfalen
Prof. Dr. Ludwig Raiser, Bad Godesberg
Die Förderung der angewandten Forschung durch die Deutsche Forschungsgemeinschaft
1957, 108 Seiten, 82 Abb., kartoniert, DM 9,55

HEFT 48
Dr. Hermann Tromp, Rom
Bestandsaufnahme der Wälder der Welt als internationale und wissenschaftliche Aufgabe
Prof. Dr. Franz Heske, Schloß Reinbek
Die Wohlfahrtswirkungen des Waldes als internationales Problem
1957, 88 Seiten, kartoniert, DM 3,85

HEFT 49
Präsident Dr. Günther Böhnecke, Hamburg
Zeitfragen der Ozeanographie
Reg.-Direktor Dr. H. Gabler, Hamburg
Nautische Technik und Schiffssicherheit
1955, 120 Seiten, 49 Abb., kartoniert, DM 7,50

HEFT 50
Prof. Dr.-Ing. Friedrich A. F. Schmidt, Aachen
Probleme der Selbstzündung und Verbrennung bei der Entwicklung der Hochleistungskraftmaschinen
Prof. Dr.-Ing. A. W. Quick, Aachen
Ein Verfahren zur Untersuchung des Austauschvorganges in verwirbelten Strömungen hinter Körpern mit abgelöster Strömung
1956, 88 Seiten, 38 Abb., kartoniert, DM 6,20

HEFT 51
Direktor Dr. Johannes Pätzold, Erlangen
Therapeutische Anwendung mechanischer und elektrischer Energie
1957, 38 Seiten, 7 Abb., kartoniert, DM 2,20

HEFT 51a
Prof. Dr. Siegfried Strugger, Münster
Struktur, Entwicklungsgeschichte und Physiologie der Chloroplasten
in Vorbereitung

HEFT 52
Mr. F. A. W. Patmore, London
Der Air Registration Board und seine Aufgaben im Dienst der britischen Flugzeugindustrie
Prof. A. D. Young, Cranfield
Gestaltung der Lehrtätigkeit in der Luftfahrttechnik in Großbritannien
1956, 92 Seiten, 16 Abb., kartoniert, DM 4,65

HEFT 52a
Dr. D. C. Martin, London
Geschichte und Organisation der Royal Society
Dr. A. J. A. Roux, Südafrikanische Union
Probleme der wissenschaftlichen Forschung in der Südafrikanischen Union
1958, 64 Seiten, 9 Abb., kartoniert, DM 3,75

HEFT 53
Prof. Dr.-Ing. Georg Schnadel, Hamburg
Forschungsaufgaben zur Untersuchung der Festigkeitsprobleme im Schiffsbau
Prof. Dipl.-Ing. Wilhelm Sturtzel, Duisburg
Forschungsaufgaben zur Untersuchung der Widerstandsprobleme im Schiffsbau
1957, 54 Seiten, 13 Abb., kartoniert, DM 3,20

HEFT 53a
Prof. Giovanni Lampariello, Rom
Von Galilei zu Einstein
1956, 92 Seiten, kartoniert, DM 4,20

HEFT 54
Direktor Dr. Walter Dieminger, Lindau/Harz
Ionosphäre und drahtloser Weitverkehr
1958, 64 Seiten, 34 Abb., kartoniert, DM 5,50

HEFT 54a
Sir John Cockcroft, London
Die friedliche Anwendung der Kernenergie
1956, 42 Seiten, 26 Abb., kartoniert, DM 3,—

HEFT 55
Prof. Dr.-Ing. Fritz Schultz-Grunow, Aachen
Das Kriechen und Fließen hochzäher und plastischer Stoffe
Prof. Dr.-Ing. Hans Ebner, Aachen
Wege und Ziele der Festigkeitsforschung besonders im Hinblick auf den Leichtbau
in Vorbereitung

HEFT 56
Prof. Dr. Ernst Derra, Düsseldorf
Der Entwicklungsstand der Herzchirurgie
Prof. Dr. Gunther Lehmann, Dortmund
Muskelarbeit und Muskelermüdung in Theorie und Praxis
1956, 102 Seiten, 49 Abb., kartoniert, DM 6,90

HEFT 57
Prof. Dr. Theodor von Kármán, Pasadena
Freiheit und Organisation in der Luftfahrtforschung
Staatssekretär Prof. Dr. h. c. Leo Brandt, Düsseldorf
Bericht über den Wiederaufbau deutscher Luftfahrtforschung
in Vorbereitung

HEFT 58
Prof. Dr. Fritz Schröter, Ulm
Neue Forschungs- und Entwicklungsrichtungen im Fernsehen
Prof. Dr. Albert Narath, Berlin
Der gegenwärtige Stand der Filmtechnik
1957, 116 Seiten, 46 Abb., kartoniert, DM 6,95

HEFT 59
Prof. Dr. Richard Courant, New York
Die Bedeutung der modernen mathematischen Rechenmaschinen für mathematische Probleme der Hydrodynamik und Reaktortechnik
Prof. Dr. Ernst Peschl, Bonn
Die Rolle der komplexen Zahlen in der Mathematik und die Bedeutung der komplexen Analysis
1957, 77 Seiten, 3 Abb., kartoniert, DM 4,85

HEFT 60
Prof. Dr. Wolfgang Flaig, Braunschweig
Grundlagenforschung auf dem Gebiet des Humus und der Bodenfruchtbarkeit
Prof. Dr. Dr. Eduard Mückenhausen, Bonn
Typologische Bodenentwicklung und Bodenfruchtbarkeit
1956, 112 Seiten, 36 Abb., kartoniert, DM 11,25

HEFT 61
Prof. Dr. W. Georgii, München
Aerophysikalische Flugforschung
Dr. Klaus Oswatitsch, Aachen
Gelöste und ungelöste Probleme der Gasdynamik
1957, 64 Seiten, 35 Abb., kartoniert, DM 5,40

HEFT 62
Prof. Dr. Adolf Butenandt, Tübingen
Über die Analyse der Erbfaktorenwirkung und ihre Bedeutung für biochemische Fragestellungen
Prof. Dr. J. Straub, Köln
Quantitative Genwirkung bei Polyploiden
in Vorbereitung

HEFT 63
Prof. Dr. Oskar Morgenstern, Princeton
Der theoretische Unterbau der Wirtschaftspolitik
1957, 32 Seiten, kartoniert, DM 2,10

HEFT 64
Prof. Dr. Bernhard Rensch, Münster
Die stammesgeschichtliche Sonderstellung des Menschen
1957, 60 Seiten, 5 Abb., kartoniert, DM 2,95

HEFT 65
Prof. Dr. Wilhelm Tönnis, Köln
Die neuzeitliche Behandlung frischer Schädelhirnverletzungen
in Vorbereitung

HEFT 65 a
Prof. Dr. Siegfried Strugger, Münster
Die elektronenmikroskopische Darstellung der Feinstruktur des Protoplasmas mit Hilfe der Uranylmethode und die zukünftige Bedeutung dieser Methodik für die Erforschung der Strahlenwirkung
in Vorbereitung

HEFT 66
Prof. Dr. Wilhelm Fucks, Aachen
Bildliche Darstellung der Verteilung und der Bewegung von radioaktiven Substanzen im Raum, insbesondere von biologischen Objekten (Physikalischer Teil)
Prof. Dr. Hugo Wilhelm Knipping, Köln, und Oberarzt Dr. E. Liese, Köln
Bildgebung von Radioisotopenelementen im Raum bei bewegten Objekten (Herz und Lunge etc) (Medizinischer Teil)
in Vorbereitung

HEFT 67
Prof. Friedrich Paneth F. R. S., Mainz
Die Bedeutung der Isotopenforschung für geochemische und kosmochemische Probleme
Prof. Dr. J. Hans D. Jensen und Dipl.-Phys. H. A. Weidenmüller, Heidelberg
Die Nichterhaltung der Parität
1958, 64 Seiten, kartoniert, DM 3,60

HEFT 67 a
M. Le Haut Commissaire Francis Perrin
Die Verwendung der Atomenergie für industrielle Zwecke
1958, 39 Seiten, 22 Abb., kartoniert, DM 3,90

HEFT 68
Prof. Dr. Hans Lorenz, Berlin
Forschungsergebnisse auf dem Gebiete der Bodenmechanik als Wegbereiter für neue Gründungsverfahren
Prof. Dr. Georg Garbotz, Aachen
Die Bedeutung der Baumaschinen- und Baubetriebsforschung für die Praxis (Aufgaben und Ergebnisse)
in Vorbereitung

HEFT 69
M. Maurice Roy, Châtillon
Recherche aéronautique française et perspectives européennes
Prof. Dr. Alexander Naumann, Aachen
Methoden und Ergebnisse der Windkanalforschung
in Vorbereitung

HEFT 69 a
Prof. Dr. H. W. Melville, London
Die Anwendung von radioaktiven Isotopen und hoher Energiestrahlung in der polymeren Chemie
in Vorbereitung

HEFT 70
Prof. Dr. E. Justi, Braunschweig
Elektrothermische Kühlung und Heizung. Grundlagen und Möglichkeiten
Prof. Dr. Richard Vieweg, Braunschweig
Maß und Messen in Geschichte und Gegenwart
1958, 182 Seiten, 124 Abb., kartoniert, DM 15,50

HEFT 71
Prof. Dr. F. Baade, Kiel
Gesamtdeutschland und die Integration Europas
Prof. Dr. G. Schmölders, Köln
Ökonomische Verhaltensforschung
1957, 69 Seiten, kartoniert, DM 3,90

HEFT 72
Prof. Dr.-Ing Wilhelm Fucks, Aachen
Hochtemperaturplasma (Magnetohydrodynamik) und Kernfusion
Dr. Hermann Jordan, Aachen
Neutronenbremsung und Diffusion im Kernreaktor, veranschaulicht an einem Modell
in Vorbereitung

HEFT 73
Prof. Dr. A. Gustafson, Stockholm
Mutationen und Mutationsrichtung
Prof. Dr. J. Straub, Köln
Die Wirkung ionisierender Strahlung beim Mutationsprozeß
in Vorbereitung

HEFT 73 a
Staatssekretär Prof. Dr. h. c. Dr. E. h. Leo Brandt, Düsseldorf
Das Atom-Forschungszentrum des Landes Nordrhein-Westfalen
in Vorbereitung

HEFT 74
Prof. Dr.-Ing. Martin Kersten, Aachen
Neuere Versuche zur physikalischen Deutung technischer Magnetisierungsvorgänge
Professor Dr. rer.-nat. Günther Leibfried, Aachen
Zur Theorie idealer Kristalle
1958, 64 Seiten, 23 Abb., kartoniert, DM 4,50

HEFT 75
Prof. Dr. W. Klemm, Münster
Neue Wertigkeitsstufen bei den Übergangselementen
Prof. Dr.-Ing. H. Zahn, Aachen
Die Wollforschung in Chemie und Physik von heute
in Vorbereitung

HEFT 76
Prof. Dr. H. Cartan, Paris
Nicolas Bourbaki und die heutige Mathematik
Prof. Dr. H. Cramér, Stockholm
Über einige Klassen von stokastischen Prozessen und
ihre Anwendung in Statistik und Versicherungs-
technik
in Vorbereitung

HEFT 77
Prof. Dr. Georg Melchers, Tübingen
Die Bedeutung der Virusforschung für die moderne
Genetik
Prof. Dr. Alfred Kühn, Tübingen
Über die Wirkungsweise von Erbfaktoren
in Vorbereitung

HEFT 78
Dr. Fréderic Ludwig, Scalay
Experimentelle Studien über indirekte Strahlen-
wirkungen (effets à distance) in bestrahlten Meta-
zoen
Prof. A. H. W. Aten jr., Amsterdam
Die Anwendung radioaktiver Isotope in der
chemischen Forschung
in Vorbereitung

HEFT 79
Prof. Dr. H. H. Inhoffen, Braunschweig
Chemische Übergänge von Gallensäuren in can-
cerogene Stoffe und ihre möglichen Beziehungen
zum Krebsproblem
Prof. Dr. Rudolf Danneel, Bonn
Entstehung, Bau und Funktion der Mitochondrien
in Vorbereitung

HEFT 80
Prof. Dr. Max Born, Bad Pyrmont
Der Realitätsbegriff in der Physik
in Vorbereitung

18 NEUE FORSCHUNGSSTELLEN
im Land Nordrhein-Westfalen
1954, 176 Seiten, 70 Abb., kartoniert, DM 10,—

JAHRESFEIER 1955
Prof. Dr. Josef Pieper, Münster
Über den Philosophie-Begriff Platons
Prof. Dr. Walter Weizel, Bonn
Die Mathematik und die physikalische Realität
1955, 62 Seiten, kartoniert, DM 2,90

JAHRESFEIER 1956
Prof. Dr. Gunther Lehmann, Dortmund
Arbeit bei hohen Temperaturen
Prof. Dr. Hans Kauffmann, Köln
Italienische Frührenaissance
1957, 58 Seiten, 12 Abb., kartoniert, DM 3,50

WISSENSCHAFT IN NOT
Staatssekretär Prof. Dr. Leo Brandt, Düsseldorf
Wissenschaft in Not
Prof. Dr. Ulrich Scheuner, Bonn
Probleme der Hochschullehrerbesoldung
Prof. Dr. Eugen Flegler, Aachen
Fragen des Hochschulhaushaltes
Prof. Dr. Siegfried Strugger, Münster
Entwicklung der Naturwissenschaften und die Frage
des ständigen Etats der Institute
1957, 84 Seiten, kartoniert, DM 3,55

JAHRESFEIER 1957
Prof. Dr. Walter Kikuth, Düsseldorf
Die Infektionskrankheiten im Spiegel historischer
und neuzeitlicher Betrachtungen
Prof. Dr. Josef Kroll, Köln
Der Gott Hermes
in Vorbereitung

GEISTESWISSENSCHAFTEN

HEFT 24
Prof. Dr. Theodor Klauser, Bonn
Die römische Petrustradition im Lichte der neuen
Ausgrabungen unter der Peterskirche
1956, 144 Seiten, 3 Falttafeln, 37 Abb.,
kartoniert, DM 9,30

HEFT 25
Prof. Dr. Hans Peters, Köln
Die Gewaltentrennung in moderner Sicht
1955, 48 Seiten, kartoniert, DM 2,20

HEFT 26
Prof. Dr. Fritz Schalk, Köln
Calderon und die Mythologie
in Vorbereitung

HEFT 27
Prof. Dr. Josef Kroll, Köln
Vom Leben geflügelter Worte
erscheint als Wissenschaftliche Abhandlung

HEFT 28
Prof. Dr. Thomas Ohm, Münster
Die Religionen in Asien
1954, 50 Seiten, 4 Abb., kartoniert, DM 5,—

HEFT 29
Prof. Dr. Johann Leo Weisgerber, Bonn
Die Ordnung der Sprache im persönlichen und
öffentlichen Leben
1955, 64 Seiten, kartoniert, DM 2,90

HEFT 30
Prof. Dr. Werner Caskel, Köln
Entdeckungen in Arabien
1954, 44 Seiten, kartoniert, DM 2,—

HEFT 31
Prof. Dr. Max Braubach, Bonn
Entstehung und Entwicklung der landesgeschicht-
lichen Bestrebungen und historischen Vereine im
Rheinland
1955, 32 Seiten, kartoniert, DM 1,60

HEFT 32
Prof. Dr. Fritz Schalk, Köln
Somnium und verwandte Wörter in den romani-
schen Sprachen
1955, 48 Seiten, 3 Abb., kartoniert, DM 2,50

HEFT 33
Prof. Dr. Friedrich Dessauer, Frankfurt a. M.
Erbe und Zukunft des Abendlandes
1956, 32 Seiten, kartoniert, DM 1,80

HEFT 34
Prof. Dr. Thomas Ohm, Münster
Ruhe und Frömmigkeit
1955, 128 Seiten, 30 Abb., kartoniert, DM 8,—

HEFT 35
Prof. Dr. Hermann Conrad, Bonn
Die mittelalterliche Besiedlung des deutschen Ostens
und das Deutsche Recht
1955, 40 Seiten, kartoniert, DM 2,—

HEFT 36
Prof. Dr. Hans Sckommodau, Köln
Die religiösen Dichtungen Margaretes von Navarra
1955, 172 Seiten, kartoniert, DM 7,20

HEFT 37
Prof. Dr. Herbert von Einem, Bonn
Der Mainzer Kopf mit der Binde
1955, 88 Seiten, 40 Abb., kartoniert, DM 6,—

HEFT 38
Prof. Dr. Joseph Höffner, Münster
Statik und Dynamik in der scholastischen Wirt-
schaftsethik
1955, 48 Seiten, kartoniert, DM 2,20

HEFT 39
Prof. Dr. Fritz Schalk, Köln
Diderots Essai über Claudius und Nero
1956, 40 Seiten, kartoniert, DM 2,25

HEFT 40
Prof. Dr. Gerhard Kegel, Köln
Probleme des internationalen Enteignungs- und
Währungsrechts
1956, 62 Seiten, kartoniert, DM 2,85

HEFT 41
Prof. Dr. Johann Leo Weisgerber, Bonn
Die Grenzen der Schrift — Der Kern der Recht-
schreibreform
1955, 72 Seiten, kartoniert, DM 3,25

HEFT 42
Prof. Dr. Richard Alewyn, Köln
Von der Empfindsamkeit zur Romantik
in Vorbereitung

HEFT 43
Prof. Dr. Theodor Schieder, Köln
Die Probleme des Rapallo-Vertrages
1956, 108 Seiten, kartoniert, DM 4,80

HEFT 44
Prof. Dr. Andreas Rumpf, Köln
Stilphasen der spätantiken Kunst
1957, 100 Seiten, 189 Abb., kartoniert, DM 9,80

HEFT 45
Dr. Ulrich Luck, Münster
Kerygma und Tradition in der Hermeneutik Adolf
Schlatters
1955, 136 Seiten, kartoniert, DM 6,15

HEFT 46
Prof. Dr. Walther Holtzmann, Rom
Das Deutsche Historische Institut in Rom
Prof. Dr. Graf Wolff von Metternich, Rom
Die Bibliotheca Hertziana und der Palazzo Zuccari
1955, 68 Seiten, 7 Abb., kartoniert, DM 3,50

HEFT 47
Prof. Dr. Harry Westermann, Münster
Person und Persönlichkeit im Zivilrecht
1957, 64 Seiten, kartoniert, DM 3,10

HEFT 48
Prof. Dr. Johann Leo Weisgerber, Bonn
Die Namen der Ubier
in Vorbereitung

HEFT 49
Prof. Dr. Friedrich Karl Schumann, Münster
Mythos und Technik
1958, 72 Seiten, kartoniert, DM 4,—

HEFT 50
Prof. D. Karl Heinrich Rengstorf, Münster
Die Anfänge des Diakonats
in Vorbereitung

HEFT 51
Prälat Prof. Dr. Dr. h. c. Georg Schreiber, Münster
Der Bergbau in Geschichte, Ethos und Sakralkultur
in Vorbereitung

HEFT 52
Prof. Dr. Hans J. Wolff, Münster
Die Rechtsgestalt der Universität
1956, 56 Seiten, kartoniert, DM 2,65

HEFT 53
Prof. Dr. Heinrich Vogt, Bonn
Schadenersatzprobleme im Verhältnis von Haftungs-
grund und Schaden
in Vorbereitung

HEFT 54
Prof. Dr. Max Braubach, Bonn
Der Einmarsch der deutschen Truppen in die ent-
militarisierte Zone am Rhein im März 1936. Ein
Beitrag zur Vorgeschichte des zweiten Weltkrieges
1956, 48 Seiten, kartoniert, DM 2,40

HEFT 55
Prof. Dr. Herbert von Einem, Bonn
Die „Menschwerdung Christi" des Isenheimer Altars
1957, 42 Seiten, 13 Abb., kartoniert, DM 2,55

HEFT 56
Prof. Dr. Ernst Joseph Cohn, London
Der englische Gerichtstag
1956, 88 Seiten, kartoniert, DM 4,15

HEFT 57
Dr. Albert Woopen, Aachen
Die Zivilehe und der Grundsatz der Unauflöslich-
keit der Ehe in der Entwicklung des italienischen
Zivilrechts
1956, 88 Seiten, kartoniert, DM 4,—

HEFT 58
Prof. Dr. Karl Kerényi, Ascona
Die Herkunft der Dionysos-Religion nach dem
heutigen Stand der Forschung
1956, 32 Seiten, kartoniert, DM 1,75

HEFT 59
Prof. Dr. Herbert Jankuhn, Kiel
Haithabu und der abendländische Handel nach
Nordeuropa im frühen Mittelalter
in Vorbereitung

HEFT 60
Dr. Stephan Skalweit, Bonn
Edmund Burke und Frankreich
1956, 84 Seiten, kartoniert, DM 4,15

HEFT 61
Prof. Dr. Ulrich Scheuner, Bonn
Die Neutralität im heutigen Völkerrecht
in Vorbereitung

HEFT 62
Prof. Dr. Anton Moortgat, Berlin
Archäologische Forschungen der Max-Freiherr-von-
Oppenheim-Stiftung im nördlichen Mesopotamien
1957, 32 Seiten, 11 Abb., kartoniert, DM 2,10

HEFT 63
Prof. Dr. Joachim Ritter, Münster
Hegel und die französische Revolution
1957, 126 Seiten, kartoniert, DM 6,60

HEFT 64
Prof. Dr. Hermann Conrad und
Prof. Dr. Carl Arnold Willemsen, Bonn
Die Konstitutionen von Melfi Friedrichs II. von
Hohenstaufen (1231)
in Vorbereitung

HEFT 65
Prälat Prof. Dr. Dr. h. c. Georg Schreiber, Münster
Der Islam und das christliche Abendland
in Vorbereitung

HEFT 66
Prof. Dr. Werner Conze, Münster
Die Strukturgeschichte des technisch-industriellen
Zeitalters als Aufgabe für Forschung und Unter-
richt *1957, 52 Seiten, kartoniert, DM 2,70*

HEFT 67
Prof. Dr. Gerhard Hess, Bad Godesberg
Zur Entstehung der „Maximen" La Rochefoucaulds
1957, 44 Seiten, kartoniert, DM 2,30

HEFT 68
Prof. Dr. Fritz Schalk, Köln
Poetica de Aristoteles traducida de latin. Illustrada
y commentada por Juan Pablo Martiz Rizo (erste
kritische Ausgabe des spanischen Textes)
in Vorbereitung

HEFT 69
Prof. Dr. Ernst Langlotz, Bonn
Perseus. Dokumentation der Wiedergewinnung
eines Meisterwerkes der griechischen Plastik
in Vorbereitung

HEFT 70
Prof. Dr. Erich Boehringer, Berlin
Der Aufbau des Deutschen Archäologischen In-
stituts
in Vorbereitung

HEFT 71
Dr. Josef Wintrich, Karlsruhe
Zur Problematik der Grundrechte
1957, 62 Seiten, kartoniert, DM 3,25

HEFT 72
Prof. Dr. Josef Pieper, Münster
Über den Begriff der Tradition
1957, 66 Seiten, kartoniert, DM 3,70

HEFT 73
Prof. Dr. Walter F. Schirmer, Bonn
Die frühen Darstellungen des Arthurstoffes
1958, 98 Seiten, kartoniert, DM 5,—

HEFT 74
Prof. William L. Prosser, Berkeley
Kausalzusammenhang und Fahrlässigkeit
1958, 58 Seiten, kartoniert, DM 3,40

HEFT 75
Prof. Dr. Leo Weisgerber, Bonn
Verschiebungen in der sprachlichen Einschätzung
von Menschen und Sachen
erschienen 1958 als Wissenschaftliche Abhandlung,
Band 2

HEFT 76
Prof. Walter H. Bruford, Cambridge
Fürstin Gallitzin und Goethe. Das Selbstvervoll-
kommnungsideal und seine Grenzen
1957, 44 Seiten, 1 Abb., kartoniert, DM 2,60

HEFT 77
Prof. Dr. Hermann Conrad, Bonn
Die geistigen Grundlagen des Allgemeinen Land-
rechts für die preußischen Staaten von 1794
1958, 66 Seiten, kartoniert, DM 3,55

WISSENSCHAFTLICHE ABHANDLUNGEN

BAND 1
*Dr. Wolfgang Priester, Dr. Hans Gerhard
Bennewitz, Peter Lengrüßer, Bonn*
Radio-Beobachtungen des ersten künstlichen Erd-
satelliten
1958, 46 Seiten, 21 Abb., Ganzleinen, DM 8,50

BAND 2
Professor Dr. Leo Weisgerber, Bonn
Verschiebungen in der sprachlichen Einschätzung von
Menschen und Sachen
*1958, 186 Seiten, Ganzleinen DM 14,—
kartoniert DM 11,80*

BAND 3
Dr. Erich Meuthen, Marburg
Die letzten Jahre des Nikolaus von Kues
1958, 346 Seiten, Ganzleinen, DM 28,—

BAND 4
Dr. Hans Georg Kirchhoff, Rommerskirchen
Die staatliche Sozialpolitik im Ruhrbergbau
1871—1914
*1958, 180 Seiten, Ganzleinen DM 12,80
kartoniert DM 10,50*

BAND 5
Prof. Dr. Günther Jachmann, Köln
Der homerische Schiffskatalog und die Ilias
1958, 342 Seiten, Ganzleinen DM 35,70

BAND 6
Prof. Dr. Peter Hartmann, Münster
Das Wort als Name
in Vorbereitung

BAND 7
Prof. Dr. Anton Moortgat, Berlin
Archäologische Forschungen der Max Freiherr
von Oppenheim-Stiftung im nördlichen Mesopotamien 1956
in Vorbereitung

BAND 8
*Dr. Wolfgang Priester und
Gerhard Hergenhahn, Bonn*
Bahnbestimmung von Erdsatelliten aus Doppler-
Effekt-Messungen
*1958, 52 Seiten, 11 Abb., Ganzleinen DM 8,—
kartoniert DM 6,20*

BAND 9
Prof. Dr. Harry Westermann, Münster
Welche gesetzlichen Maßnahmen zur Luftreinhal-
tung und zur Verbesserung des Nachbarrechts sind
erforderlich?
*1958, 88 Seiten, Ganzleinen DM 8,20
kartoniert DM 6,40*

Prof. Dr. Josef Kroll, Köln
Vom Leben geflügelter Worte
in Vorbereitung

Prälat Prof. Dr. Dr. h. c. Georg Schreiber, Münster
Die Wochentage im Erlebnis der Ostkirche und des
christlichen Abendlandes
in Vorbereitung

Prof. Dr. Hermann Conrad und Gerd Kleinheyer
Carl Gottlieb Svarez 1746—1796. Vorträge über
Recht und Staat
in Vorbereitung

GPSR Compliance
The European Union's (EU) General Product Safety Regulation (GPSR) is a set
of rules that requires consumer products to be safe and our obligations to
ensure this.

If you have any concerns about our products, you can contact us on

ProductSafety@springernature.com

In case Publisher is established outside the EU, the EU authorized
representative is:

Springer Nature Customer Service Center GmbH
Europaplatz 3
69115 Heidelberg, Germany